essentials

Essentials liefern aktuelles Wissen in konzentrierter Form. Die Essenz dessen, worauf es als „State-of-the-Art" in der gegenwärtigen Fachdiskussion oder in der Praxis ankommt. Essentials informieren schnell, unkompliziert und verständlich

* als Einführung in ein aktuelles Thema aus Ihrem Fachgebiet
* als Einstieg in ein für Sie noch unbekanntes Themenfeld
* als Einblick, um zum Thema mitreden zu können

Die Bücher in elektronischer und gedruckter Form bringen das Expertenwissen von Springer-Fachautoren kompakt zur Darstellung. Sie sind besonders für die Nutzung als eBook auf Tablet-PCs, eBook-Readern und Smartphones geeignet.

Essentials: Wissensbausteine aus den Wirtschafts, Sozial- und Geisteswissenschaften, aus Technik und Naturwissenschaften sowie aus Medizin, Psychologie und Gesundheitsberufen. Von renommierten Autoren aller Springer-Verlagsmarken.

Christian Raabe

Denkmalpflege

Schnelleinstieg für Architekten
und Bauingenieure

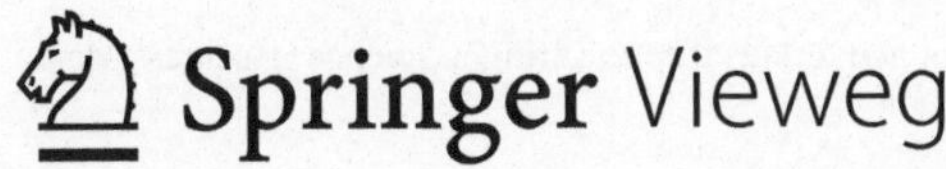 Springer Vieweg

Prof. Dr.-Ing. Christian Raabe
Aachen
Deutschland

ISSN 2197-6708   ISSN 2197-6716 (electronic)
essentials
ISBN 978-3-658-11528-9   ISBN 978-3-658-11529-6 (eBook)
DOI 10.1007/978-3-658-11529-6

Die Deutsche Nationalbibliothek verzeichnet diese Publikation in der Deutschen Nationalbibliografie; detaillierte bibliografische Daten sind im Internet über http://dnb.d-nb.de abrufbar.

Springer Vieweg

Gedruckt auf säurefreiem und chlorfrei gebleichtem Papier

Springer Fachmedien Wiesbaden ist Teil der Fachverlagsgruppe Springer Science+Business Media
(www.springer.com)

Was Sie in diesem Essential finden können

- Eine Übersicht über häufig verwendete Begriffe in der Denkmalpflege
- Wichtige Stationen der Geschichte der Denkmalpflege
- Die Darstellung der Organisation der nationalen und der internationalen Denkmalschutzinstitutionen
- Wissenswertes über die Planung und den Bau im Denkmalkontext
- Einige Informationen über die Historische Bauforschung

Inhaltsverzeichnis

Einleitung 1

Ein Großteil der zukünftigen Bau-Planungsaufgaben wird sich dem überlieferten Baubestand widmen. Zum einen ist hier der Umgang mit städtebaulichen Kontexten zu nennen und zum anderen Restaurierungen, Umnutzungen oder Umbauten bestehender Gebäude. Geschätzte 5–7 % des gesamten deutschen Baubestandes stehen unter Denkmalschutz und damit sollte die Beschäftigung mit diesem Thema ein selbstverständlicher Teil beinahe jeder zukünftigen Bauplanung sein.

Für Maßnahmen im Denkmalbereich gibt es keine einfachen Rezepte, deshalb ist es hier viel sinnvoller, einige theoretische Hintergründe zu beleuchten und elementare Prozesse als Grundlagen zu beschreiben, die in der Regel zu angemessenen Planungs- und Bauergebnissen im Einzelfall führen. Die sogenannte praktische Denkmalpflege ist als eine eigene Fachdisziplin im Rahmen des Baugeschehens zu begreifen, nicht anders als etwa die Elektroplanung oder die Tragwerksplanung. Viele Konfliktfälle im Umfeld sind durch die Akzeptanz dieses Umstandes und einer damit verbundenen rechtzeitigen Einbindung des entsprechenden Fachwissens zu entschärfen. Das vorliegende essential möchte eine erste Einführung in den Themenbereich liefern und damit für die Belange des Denkmalschutzes und der Historischen Bauforschung sensibilisieren.

© Springer Fachmedien Wiesbaden 2015

C. Raabe, *Denkmalpflege,* essentials, DOI 10.1007/978-3-658-11529-6_1

Geschichte

2

2.1 Frühe Ansätze

Die Entwicklung der Geschichte der Denkmalpflege kann mittels einiger besonderer Texte und Ereignisse grob konturiert werden und die folgenden Anmerkungen fokussieren in stark verkürzter Form vor allem die Entwicklung in Deutschland. Der Anfang der Geschichte liegt im Dunkeln und man darf aber doch vermuten, dass der Wille zum Erhalt, der aus welchen Gründen auch immer für wichtig gehaltenen Bauten, ungeachtet der jeweils zugrundeliegenden Motivationen mit dem Beginn des Bauens überhaupt verbunden ist. Aus der späten Antike sind Anweisungen des römischen Kaisers Theodosius I. überliefert, der seinerzeit die heidnischen Statuen des Haupttempels der Stadt Edessa vor der Zerstörung durch übereifrige Christen bewahrte, indem er sie gewissermaßen säkularisierte und ihren Erhalt forderte, da sie „mehr nach dem Kunstwerte als nach der Göttlichkeit zu schätzen seien." (Meier 2005, S. 133)

Mehr als eintausend Jahre später trat der Renaissancegelehrte Leon Batista Alberti sein Amt als päpstlicher Inspektor der römischen Baudenkmäler an und riet den Architekten der Zeit, die guten Bauten der Antike zu erhalten und aus ihnen zu lernen. Auch für ihn war die Schönheit der Bauten das entscheidende Kriterium: „… manchmal ertrage ich es nicht zu sehen, wie Dinge aus Dummheit oder Geldgier zerstört werden, die wegen ihrer Schönheit sogar von den Barbaren verschont blieben." (Schmidt 2008, S. 16) Mit der Betonung des „Kunstwertes" wird also schon sehr früh ein wesentlicher und naheliegender Grund für den Erhalt überlieferten Kulturgutes artikuliert, der sich auch heute in den Denkmalschutzgesetzten aller Bundesländer findet.

Ein weiteres wichtiges Dokument der Geschichte der Denkmalpflege ist ein Brief, den der 1515 zum Präfekten für Marmore und Steine ernannte Maler und Architekt Raffael kurz vor 1520 an seinen Arbeitgeber, Papst Leo X. gerichtet hat.

© Springer Fachmedien Wiesbaden 2015
C. Raabe, *Denkmalpflege*, essentials, DOI 10.1007/978-3-658-11529-6_2

Raffael beschreibt darin die Pflicht, sich mit seinen geringen Kräften für den Erhalt der antiken Hinterlassenschaften einzusetzen, deren Bauten und Skulpturen aus Marmor er in den Kalköfen verschwinden sah: „Wieviel Kalk wurde aus Statuen und anderem antiken Schmuck gebrannt! Ja, ich wage zu sagen: Dieses ganze neue Rom, das man heute sieht, wie groß es auch sein mag, wie schön, wie reich an Palästen, Kirchen und anderen Bauwerken, die wir erblicken: alles ist mit dem Kalk aus antikem Marmor errichtet. Nicht ohne tiefes Bedauern entsinne ich mich, dass, seit ich in Rom bin [...] so viele schöne Dinge zugrunde gerichtet worden sind [...]." (zit. nach Germann 1987, S. 95 ff.) Die Pflicht zum Schutz des Erbes steht für Raffael auf einer Stufe mit der Pflicht zur „[...] Pietät den Eltern und dem Vaterland gegenüber [...]". Damit artikuliert er ein Bemühen, das unabhängig von einem angenommenen Kunstwert und einer persönlichen Motivation geboten ist, und das, so würden wir heute sagen, im „öffentlichen Interesse" geschieht. (Huse 1984, S. 13) In der Gesetzgebung ist die Feststellung des „öffentlichen Interesses" eine wesentliche Grundlage der Denkmaldefinition.

2.2   Goethe und Schinkel

Die Wertschätzung, die Alberti und Raffael den Werken der antiken Welt entgegenbrachten, erfuhren die Zeugnisse der mittelalterlichen Baukunst nicht einmal annähernd, sie galten als barbarisch. Der junge Johann Wolfgang von Goethe folgte dieser Einschätzung noch 250 Jahre später. In seinem Aufsatz *Von deutscher Baukunst*, der im Jahr 1773 erschien, schreibt er über das Straßburger Münster: „Als ich das erstemal nach dem Münster ging, hatt' ich den Kopf voll allgemeiner Erkenntnis guten Geschmacks [...], war ein abgesagter Feind der verworrenen Willkürlichkeiten gotischer Verzierungen. Unter die Rubrik Gotisch [...] häufte ich alle synonymische Mißverständnisse, die mir von Unbestimmtem, Ungeordnetem, Unnatürlichem, Zusammengestoppeltem, Aufgeflicktem, Überladenem jemals durch den Kopf gezogen waren." (Goethe und Fechner 1989) Die genaue Betrachtung des Bauwerkes führt dann aber nicht nur zu einer anderen Bewertung, sondern entfacht regelrechte Begeisterungsstürme und Goethe beschreibt euphorisch, wie er immer wieder zum Münster zurückkehrt, um die Architektur von allen Seiten, aus allen Entfernungen und unter verschiedenen Lichtverhältnissen studieren zu können. Auch er betont zunächst den Kunstwert, der aber alleine seiner offenen Wahrnehmung zu danken ist, den er zwar „schmecken, aber nicht erklären" kann: „Mit welcher unerwarteten Empfindung überraschte mich der Anblick, als ich davortrat. Ein ganzer, großer Eindruck füllte meine Seele, den, weil er aus tausend harmonierenden Einzelnheiten bestand, ich wohl schmecken und genießen, keineswegs aber erkennen und erklären konnte." Goethe bewundert hier also eine Baukunst, die nichts mit dem anerkannten zeitgenössischen Kanon zu tun hat und die allem zu widersprechen schien, was seinerzeit als schön galt. Weiter unten heißt es dann: „Diese charakteristische Kunst ist nun die einzige wahre. Wenn sie aus inniger, einiger, eigner, selbständiger Empfindung um sich wirkt […]. Da seht ihr bei Nationen und einzelnen Menschen dann unzählige Grade." Er beschreibt hier also, dass ein Gebäude unabhängig vom jeweiligen Zeitgeschmack oder vom kulturellen Ursprung Baukunst sein kann. Die Gebäude verschiedener Epochen und verschiedener Kulturen stehen hier gleichberechtigt nebeneinander und der Wunsch, diese Werke über das „schmecken und genießen" hinaus verstehen zu lernen, verlangt natürlich eine Betrachtung des historischen und des kulturellen Kontextes.

Als wichtige Anregung für eine Verankerung des Denkmalschutzes in Deutschland als eine hoheitliche Aufgabe und damit verbunden die Institutionalisierung etwa in der Form unserer heutigen Denkmalschutzbehörden gilt eine Schrift des preußischen Architekten Karl Friedrich Schinkels, das 1815 verfasste *Memorandum zur Denkmalpflege* (Huse 1984, S. 70–73). Seit 1810 war er Angestellter der Berliner Oberbaudeputation, der obersten preußischen Baubehörde, der er später dann ab 1835 auch als Direktor vorstand. In seinem Text entwirft Schinkel die Struktur und die Aufgaben einer neu zu schaffenden Institution: „Es scheint […] notwendig, dass eigene Behörden geschaffen werden, denen das Wohl dieser Gegenstände [Denkmäler und Altertümer] anvertraut wird, und es werden sich in den Gemeinden ohne Zweifel tüchtige Männer genug erbieten, die eine solche Ehrenstelle bei den Behörden mit Freuden […] übernehmen […]. Die Schutzdeputationen würden vielleicht zusammengesetzt sein können aus einem Geistlichen oder einem Schulmann von Kenntnissen, einem Bürger, der vielleicht Kirchenvorsteher zugleich ist, einer Magistratsperson. Ist ein Baumeister oder sonst ein Künstler am Orte, so werden diese besonders geeignet sein […]." Es handelt sich also um eine Behörde, die vor allem von dem freiwilligen Engagement der Verantwortlichen getragen wird. Der Schutz der Denkmäler wird als eine Art ‚Bürgerpflicht' der gebildeteren Schichten beschrieben, was ein bisschen an den 300 Jahre älteren Raffael-Brief erinnert.

Man muss sich vergegenwärtigen, dass seinerzeit in der Folge der Niederlagen gegen Napoleon eine grundlegende Reform des preußischen Staatswesens in Gang kam, heute bekannt als Stein-Hardenberg'sche Reformen. Hierzu gehörte eine Verwaltungsneuordnung und die diesbezüglichen Ideen Schinkels sind durchaus im Lichte dieser allgemeinen Offenheit gegenüber elementaren Veränderungen der Organisation des Staates und seiner Organe zu betrachten, wenngleich auch die Einrichtung einer Denkmalinstitution erst ein Vierteljahrhundert später Realität wurde. Was sollte nun eigentlich die Aufgabe dieser neuen Denkmalbehörde sein? Hier nennt Schinkel den wesentlichen Auftrag, der heute nicht anders zu formulieren wäre: Die Institution habe „Verzeichnisse alles dessen anzufertigen, was sich in ihrem Bezirk vorfindet, und diese Verzeichnisse mit einem Gutachten über den Zustand der Gegenstände und über die Art, wie man sie erhalten könne, zu begleiten." Diese Verzeichnisse bezeichnet man als Denkmalinventare und die Inventarisierung der denkmalwerten Kulturgüter gehört zu den wichtigsten Aufgaben unserer zuständigen Fachbehörden. Als weitere Verpflichtung benennt Schinkel die notwendige Begleitung baulicher Maßnahmen am Denkmal und hier handelt es sich um die heute wahrscheinlich sichtbarste und direkteste Einflussnahme der Denkmalämter. Gegen Ende des Konzeptes, denn darum handelt es sich bei dem Memorandum, beschreibt Schinkel noch einen weiteren wichtigen Grundsatz, der heutzutage international anerkannt ist: „Es würde hierbei in keiner Art der Grundsatz Anwendung finden dürfen, nach welchem die Franzosen verfahren haben, alles einigermaßen wichtige von seiner Stätte fort in das Große Museum der Hauptstadt zu schleppen [Louvre]; [...] so verlieren diese Gegenstände durch die Veränderung ihres ursprünglichen Ortes einen großen Theil ihrer Bedeutung in der fremden Umgebung, und es ist so häufig gefühlt worden, wie sehr das einzelne Werk an Wirkung verliert in dem Uebermaß von Wirkungen einer zu großen Sammlung." Gemeint ist hier, dass Skulpturen, Malereien oder dekorative Ausstattungen, die Teile eines Denkmals sind, möglichst am angestammten Ort verbleiben sollten.

2.3 Die Denkmalpflege im 19. und frühen 20. Jahrhundert

Fassen wir also die bisher genannte Entwicklung zusammen: Am Anfang stand die Einsicht, dass einige subjektiv bestimmte Denkmäler aufgrund ihrer „Schönheit" zu bewahren seien. Der Renaissancekünstler Raffael formulierte dann schon eine Art allgemeiner Pflicht, Kunst- und Bauwerke zu erhalten. Er verweist dabei nicht nur auf deren „Kunstwert", sondern auch auf ihren Zeugnischarakter, denn die Monumente erhalten die Erinnerung an den vergangenen Ruhm und die vergangene Größe Roms. Gemeint sind hier die Werke der Antike als wichtigste Referenzen der Renaissancekunst. Goethe schließlich unterscheidet nicht mehr nach Stil- und Epochenzugehörigkeit. Die Bauwerke, ihre künstlerische Aussage, ihre Bauidee konstituieren sich jeweils nach einer Gesetzmäßigkeit, die den Werken innewohnt und die abhängig ist vom zugehörigen kulturellen Umfeld zur Zeit ihrer Entstehung. Sie sind materielle Zeugnisse der Epoche, aus der sie stammen. Damit sind bis zum Beginn des 19. Jh.s wichtige Grundsätze beschrieben, die später auch Eingang in die deutsche Denkmalgesetzgebung gefunden haben: Für den Erhalt eines Werkes sind unter anderem „künstlerische" und „geschichtliche" Gründe ausschlaggebend. Schinkel skizziert schließlich die wichtigsten Aufgaben eines staatlich organisierten Denkmalschutzes.

Zu diesen Aufgaben gehört die systematisierte Inventarisation der historischen Bauwerke und der 1844 zum ersten preußischen „Conservator der Kunstdenkmäler für die ganze Monarchie" ernannte Ferdinand von Quast widmet sich dann auch vor allem der Bereisung sowie der zeichnerischen und schriftlichen Dokumentation der Monumente. Er entwirft zu diesem Zwecke einen standardisierten Fragenkatalog, der eine vergleichende Erfassung und Klassifizierung der Bauten ermöglicht. Neben diesen Anfängen einer amtlichen Bestandaufnahme werden zunehmend auch Reiseführer verlegt, die ebenfalls besondere Monumente der Baukunst verzeichnen und beschreiben. Als Beispiel sei hier die *Kunst-Topographie Deutschlands* von Wilhelm Lotz genannt, die 1863 in Kassel erschien und folgende Adressaten im Untertitel führt: *Haus- und Reise-Handbuch für Künstler, Gelehrte und Freunde unserer alten Kunst.* Zu den Gelehrten die sich von dem Werk anregen ließen, gehörte auch der Kunsthistoriker Georg Dehio, der ein paar Jahrzehnte später eine Sammlung deutsche Denkmäler konzipierte, die als Ergänzung der amtlichen Denkmalinventarisation gedacht war und deren erster Band im Jahr 1905 erschien. Das topographisch gegliederte *Handbuch der Deutschen Kunstdenkmäler*, der sogenannte und inzwischen natürlich auch aktualisierte *Dehio* bietet bis heute die wichtigste Übersicht über den Gesamtbestand der Baudenkmäler in Deutschland. Georg Dehio war aber auch ein einflussreicher Protagonist der modernen Denkmalpflege, der die „Losung" postulierte: „[…] nicht restaurieren – wohl aber konservieren", wobei zu beachten ist, dass er unter dem Begriff ‚Restaurierung' beinahe alles subsummierte, was nicht ‚Konservierung' war. In seinem Vortrag *Denkmalschutz und Denkmalpflege im 19. Jahrhundert* (Dehio 1905) verteidigt er eine historisch-kritische Betrachtung der Denkmäler und prangert die zahlreichen Purifizierungen und Stilbereinigungen an, denen vor allem bei Kirchenrestaurierungen zahlreiche Zeitschichten und damit die materiellen Belege der historischen Entwicklungen zum Opfer fielen, da man die Gebäude auf vermutete ursprüngliche Erscheinungsbilder zurückführte. Der größte Feind des Denkmals war ihm der Künstler und so bezeichnet er in seinem Text stellvertretend den genannten und von Ihm durchaus sehr verehrten Karl Friedrich Schinkel als einen „gefährlichen Denkmalpfleger", „weil er so sehr Künstler war" (Dehio 1905, S. 14). Dem Künstler sei die Restaurierung „immer Künstlerwerk", aber wenn es um die Erhaltung gehe, dann habe die „Künstlerschaft" zu schweigen und er fragt: „Muß man Dichter sein, um die Schätze alter Literatur zu hüten?".

Die Auffassung, dass alleine die „Erhaltung des Bestehenden" vor dem Vandalismus der Restaurierung schützt, verteidigte Dehio auch ganz praktisch, indem er den sogenannten ‚Heidelberger Schlossstreit' mitentfachte und unterstützt von bedeutenden Fachleuten schließlich zugunsten einer Konservierung des ruinösen Bauwerks den Wiederaufbau des zugehörigen Otto-Heinrichsbaus verhinderte. In der Geschichte der Denkmalpflege markiert diese exemplarische Konservierung einer Ruine zu Beginn des 20 Jh.s die von Dehio eingeforderte historisch-kritische Betrachtung des kulturellen Erbes und damit die zunehmend wissenschaftliche Hinterlegung und Begründung eines denkmalpflegerischen Handelns, das vor allem den Schutz der historischen Substanz zum Ziel hat.

In der Folge der Diskussion des Schlossstreites lassen sich drei zeitgenössische theoretische Ansätze unterscheiden:

Die beinahe gängige Praxis bis zum ‚Schlossstreit' folgte der Auffassung, dass eine Restaurierung die Wiederherstellung des bauzeitlichen Zustandes sei oder vielmehr dessen, was man für bauzeitlich hielt. Das bedeutete, dass die hierfür notwendigen Ergänzungen fehlender Elemente nicht zu erkennen sein sollten und alle Hinzufügungen späterer Epochen im Dienste einer stilistischen Eindeutigkeit entfernt und damit in der Regel auch zerstört werden mussten. Diese Art der Restaurierung hatte ein architektonisches Ideal vor Augen und weniger das historische Zeugnis.

Der Ansatz, der mit dem Wirken Georg Dehios verbunden wird, sah das Denkmal vor allem als einen Träger der Geschichte und kunsthistorischer Werte. Die Vorstellung einer Stileinheitlichkeit war dieser Sicht ebenso fremd wie die Bedeutung eines wie auch immer definierten Schönheitsideals. Die unterschiedlichen feststellbaren Zeitschichten und Zutaten, die das Erscheinungsbild eines alten Gebäudes immer mitbestimmen, wurden bewahrt, aber dennoch gewichtet und mitunter auch im Sinne der mit dem Objekt verbundenen historischen Erzählung vermittels kleinerer Veränderungen akzentuiert oder entfernt. Auch diese im Prinzip konservierende Denkmalpflege griff also geringfügig in die Substanz ein.

Die dritte Auffassung, als deren einflussreichster Protagonist am Anfang des 20. Jh.s Cornelius Gustav Gurlitt gilt, kommt unserer heutige Vorstellung am nächsten. Auch er lehnte die zeittypischen rekonstruierenden Ergänzungen als Täuschungen vehement ab und enthielt sich aber im Gegensatz zu Dehio einer wertenden Betrachtung der unterschiedlichen Zeitschichten. Alle Veränderungen, egal ob bedeutend oder scheinbar nebensächlich, so Gurlitt, konstituierten in ihrer Gesamtheit das Denkmal. Die Substanz war ihm vor allem ein authentisches Dokument, unbelastet von jedwedem Pathos und so ist es naheliegend, dass er neben den bis dahin im Fokus stehenden bedeutenden Einzeldenkmälern auch bescheideneren Werken jenseits der Kunstgeschichtsschreibung einen Wert zuerkannte. In Bezug auf notwendige Veränderungen an Denkmälern verlangte er, dass Zutaten durchaus in der jeweils zeitgenössischen Stilprägungen erkennbar artikulieren werden sollten.

2.4 Wiederaufbau nach dem Krieg

Soweit die verkürzte Übersicht über die Theoriebildung im späten 19. bzw. beginnenden 20 Jh. Es folgt ein Sprung in die Nachkriegszeit der 50er und 60er Jahre des vergangenen Jahrhunderts. Von der deutschen Wohnungssubstanz waren nach dem Krieg etwa 15 % vollkommen und weitere 23 % teilzerstört, hinzu kam der völlige Zusammenbruch der Bauwirtschaft. So beschäftigte sich die Debatte der Architekten und Planer nach dem Krieg zunächst mit den drängendsten Fragen des Wiederaufbaus sowie der Wiedereinrichtung des dazu notwendigen wirtschaftlichen und institutionellen Umfeldes. Dies geschah auch vor dem Hintergrund der Spannungen, die sich aus den unterschiedlichen Biographien der Akteure ergaben, die einerseits von der Emigration und andererseits von einem wie auch immer arrangierten Verbleib in Deutschland gezeichnet waren. Bereits in den 30er Jahren entwickelten viele Städte städtebauliche Konzepte zum Umbau vor allem im Dienste einer Modernisierung der Infrastruktur und in vielen Fällen griff man in den 50er Jahren dann auf diese Planungen zurück. Manche Zerstörungen des Krieges standen diesen Planungen nicht grundsätzlich entgegen. Im Kriegsjahr 1943 wurde ein ‚Arbeitsstab für den Wiederaufbau bombenzerstörter Städte' unter der Leitung von Albert Speer, des damaligen Rüstungsministers, eingerichtet und viele Mitglieder des Stabes waren dann in den 50er Jahren tatsächlich auch an dem Wiederaufbau als Planer oder aber als hochrangige Vertreter der Baubehörden maßgeblich beteiligt. Die konkurrierenden städtebaulichen, architektonischen und weltanschaulichen Prägungen bestimmten die Fachdiskussionen auch in der Denkmalpflege.

Wichtig war neben dem Wohnungsbau vor allem die städtebauliche und infrastrukturelle Neuordnung der großen Zentren, wobei sich schnell zeigte, dass es kostengünstig und vorteilhaft war, auf den bestehenden städtebaulichen Strukturen aufzubauen. Größere Differenzierungen gab es in jenen Städten, die stark zerstört waren: Berlin, Frankfurt, Stuttgart, Hamburg, Köln und vor allem Hannover. Im Osten wurden zum Beispiel die Stadtgrundrisse von Chemnitz, Jena und Neubrandenburg verändert. Münster rekonstruierte dagegen als erste Großstadt den Stadtkern und auch München folgte konsequent einer Planung, die ebenfalls schon in den späten 30er Jahren entwickelt und dann in der Nachkriegszeit an die neuen Verhältnisse angepasst wurde. Dieser Wiederaufbau hielt sich ebenfalls weitestgehend an eine Bewahrung des vorhandenen Stadtgrundrisses und präferierte die städtebauliche und architektonische Rekonstruktion.

Die Situation in der DDR war aus anderen Gründen schwierig, da das Engagement für die Denkmalpflege weit mehr noch als im Westen politischen Einflüssen unterlag, obwohl die rechtlichen Voraussetzungen durchaus vorbildlich waren. Die Debatten um die Konservierung, die Restaurierung und die Rekonstruktion, die im

Westen ausgetragen wurden, fanden in der DDR nicht als öffentlicher Diskurs statt. Viel später dann wurden die vermeintlichen Rekonstruktionen des Schauspielhauses in Berlin, das den ursprünglichen Zustand im Inneren recht frei interpretierte, sowie der Semperoper in Dresden, die ebenfalls eine Veränderung durch die zeitgenössischen Ansprüche beinhaltete, kontrovers diskutiert.

Die vielfältigen denkmalpflegerischen Ansätze der Nachkriegszeit sind schwer zu ordnen, denn es handelte sich in Ost und West durchweg um Entscheidungen, die unter großem Zeit- und Nutzungsdruck, zudem forciert von verschiedenen Akteuren, je nach Stadt und Einzeldenkmal jeweils unterschiedlich ausfielen. Diese schwer zu fassende Unübersichtlichkeit kann in Bezug auf die Frage, wie mit einer zerstörten ruinösen Substanz im Kontext veränderter Nutzungsanforderungen angemessen umgegangen werden sollte, auch als ein Fundus unterschiedlichster Ansätze und Experimente gesehen werden. Das Studium der guten und auch der zweifelhaften Beispiele ist in besonderem Maße geeignet, das eigene denkmalpflegerische Handeln immer wieder zu hinterfragen. In diesem Zusammenhang gehört die Wiederherstellung der Alten Pinakothek in München zum Standardrepertoire denkwürdiger und lehrreicher Projekte der Geschichte der Denkmalpflege. (Döllgast und Gaenssler 1987)

Die zwischen 1826–1836 von Leo von Klenze errichtete Alte Pinakothek in München erlitt im Krieg schwere Bombentreffer. Nach dem Kriegsende bemühte sich der Architekt Hans Döllgast um den Erhalt des Gebäudes und verantwortete in den 50er Jahren dann auch den Wiederaufbau. Die zerstörten Bereiche der Fassade erfuhren keine Rekonstruktion, sondern wurden mit Trümmerziegeln ausgemauert, die im Format den originalen Ziegeln in etwa entsprechen, sich jedoch in Farbe und Oberflächenstruktur unterscheiden. Auf die Erneuerung der Profilierungen der Gesimse, die Wiederherstellung der Pilaster sowie des weiteren Bauschmucks verzichtete Döllgast, wobei er jedoch den Achsenrhythmus und die Fensterformen beibehielt. Die Horizontalgliederungen wurden in einer vereinfachten Form ausgeführt. Der Kanon der Gestaltungselemente erfuhr also eine Reduzierung und die Abstraktion beinhaltet aber immer noch einen eindeutigen Bezug zur originalen Substanz. Im Innenbereich änderte Döllgast die gesamte Erschließung. Die Treppenanlage ist in der ursprünglichen Planung und Ausführung wesentlich bescheidener ausgefallen und noch während der Bauzeit entschieden das Bauamt und die begleitende Gutachterkommission auf Abbruch und zugunsten jener monumentaleren Ausführung, die wir heute vor uns sehen. Der Hauptvorwurf, der die Nachkriegszeit mehrere Jahrzehnte überdauerte, betraf vor allem das vermeintlich provisorische Erscheinungsbild dieses Wiederaufbaus, der den gängigen Vorstellungen von Repräsentation und Hochkultur nicht ganz zu entsprechen schien. Die Architektur vermittelt zum Teil die Haltung des Architekten, der zahlreiche Kompromisse einzugehen hatte und so ist die eigentliche Konzeption vor allem aus der Planungsgeschichte heraus zu rekonstruieren. Im Sinne des oben genannten Cornelius Gustav Gurlitt finden wir hier aber auch ein Gebäude, dessen Erscheinungsbild und Geschichte die Auseinandersetzungen dokumentiert, die im Zuge des Wiederaufbaus um die Gestalt der Städte und Bauten ausgefochten wurden.

2.5 Die Charta von Venedig

Auch aus einer kritischen Betrachtung der Wiederaufbauphase und Nachkriegseuphorie heraus formierte sich in den 60er Jahren zunehmend der Wunsch, allgemeine und vor allem auch international anerkannte Grundlagen für die denkmalpflegerische Forschung und Praxis zu formulieren. Das betraf die Methoden der Dokumentation ebenso wie den angemessenen Umgang mit dem gebauten Erbe. Zu diesem Zwecke trafen sich 1964 in Venedig ein Woche lang über 600 Fachleute aus 61 Ländern zum *2. Internationalen Kongress der Architekten und Techniker in der Denkmalpflege*, um die damals drängenden Fragen der Archäologie und Denkmalpflege zu diskutieren, die von einer Auseinandersetzung mit theoretischen Problemen bis zur hin zur Erörterung der Denkmalpflegepraxis reichten. Am Ende des Kongresses stand die Verabschiedung eines der einflussreichsten und international anerkanntesten Dokumente der Geschichte der Denkmalpflege. Es handelt sich um die *Charta von Venedig*.

Eine Charta hat keinen rechtlichen Status, sondern muss als ein Grundsatzpapier, eine Orientierung und im besten Falle als eine Selbstverpflichtung verstanden werden. In 16 Artikeln, die sprachlich kurz und präzise gefasst sind, werden eine Haltung gegenüber dem Denkmal formuliert und konkrete Angaben zum Umgang mit der Substanz geliefert. Die Aussagen der *Charta von Venedig* beeinflusste in der Folge die Denkmalgesetzgebung und den denkmalpflegerischen Diskurs ganz wesentlich. Ungeachtet Ihrer zeitgebunden Besonderheiten und auch Schwächen ist die Charta bis heute eine der wichtigsten Grundlagen für jedes denkmalpflegerische Handeln. (Wortlaut der Charta von Venedig siehe Abschn. 8.1) Nach dem Vorbild der *Charta von Venedig* wurden in den kommenden Jahrzehnten weitere Papiere erarbeitet. Die Charta von Florenz aus dem Jahr 1981 formuliert Grundsätze für die Erhaltung historischer Parks und Gärten, die Charta von Washington entsteht 1987 und beschäftigt sich explizit mit der Denkmalpflege in historischen Städten. Zwei Jahre später schließlich fasst die Charta von Lausanne Grundsätze für den Schutz und die Pflege des archäologischen Erbes zusammen.

In den späten 60er und den 70er Jahren werden dann auch die Erstfassungen jener Denkmalschutzgesetze formuliert, mit denen wir es heute noch zu tun haben und die in Deutschland der Kulturhoheit der Bundesländer unterliegen. In den neuen Ländern galt bis zur Neufassung der entsprechenden Landesgesetze das *Denkmalpflegegesetz der DDR* aus dem Jahr 1975. Die Geschichte unserer Denkmalgesetzgebung beginnt zur Jahrhundertwende – in den Jahrzehnten vorher wurden vor allem ausgesuchte Einzelfragen in zahlreichen Erlassen und Verordnungen behandelt – und mehrere Ländergesetze entstanden auf der Grundlage dieser älteren Vorlagen. So gab es zum Beispiel in Hessen, damals noch ein Großherzogtum, schon im Jahr 1902 das *Gesetz, den Denkmalschutz betreffend*, in Sachsen seit 1909 das *Gesetz gegen Verunstaltung von Stadt und Land* und nach dem Krieg im Jahr 1949 verabschiedete das damals neu gegründete Bundesland Baden, das *Badische Denkmalschutzgesetz*. Man kann also grob vereinfacht festhalten, dass der Erhalt von historischem Kulturgut die Geschichte der Architektur immer begleitet hat, dass die Idee zur Institutionalisierung des Denkmalschutzes etwa 200 Jahre alt ist – exemplarisch vorgedacht in Schinkels *Memorandum zur Denkmalpflege* – und wohl mit der Einrichtung der Ämter für ‚Conservatoren‘ um die Mitte des 19. Jh. begann, ungeachtet aller früheren historisch belegten Einzelfälle. Die theoretische Diskussion um Sinn, Ziel und Art des Schutzes beginnt in der 2. Hälfte des 19. Jh.s und dauert bis heute an. Einzelne Meilensteine, wie zum Beispiel die *Charta von Venedig*, vermitteln erste Orientierungen in Bezug auf die praktische Denkmalpflege. Strukturen und Vorgaben für die praktische Arbeit bieten außerdem die mit dem Denkmalschutz befassten internationalen und nationalen Institutionen, die im Folgenden vorgestellt werden.

Organisation 3

3.1 Welterbe

Die wichtigste internationale Denkmalschutzvereinbarung ist die *Welterbekonvention*, das *Übereinkommen zum Schutz des Kultur-und Naturerbes der Welt*, das im Jahr 1972 von der Generalkonferenz der UNESCO verabschiedet wurde. Die Auffassung, besondere Kultur- und Naturstätten nicht mehr nur als nationales Erbe, sondern als Erbe der ganzen Welt zu begreifen und entsprechend zu schützen, entwickelte sich einerseits aus der Internationalisierung der Denkmaldiskussion auch in Folge der *Charta von Venedig* und zum anderen aus der positiven Erfahrung gemeinschaftlicher internationaler Anstrengungen zum Schutze gefährdeter Kulturgüter. So wurden in den Jahren 1963 bis 1968 die Felsentempel von Abu Simbel in Ägypten, die durch den Bau des Assuan-Staudammes bedroht waren, mit der Unterstützung der UNESCO und unter großer internationaler Beteiligung gerettet, indem man sie inklusive des zugehörigen Felsens zerteilte, abtrug, auf eine Hochebene verbrachte und wieder aufbaute.

Die Staaten verpflichten sich mit der Unterzeichnung der Konvention, ihre Welterbestätten zu schützen und für zukünftige Generationen zu erhalten, wobei die damit verbundenen Erhaltungsmaßnahmen jeweils vollkommen eigenständig zu finanzieren sind. In Ausnahmefällen erhalten Länder die dazu nicht in der Lage sind, Unterstützung aus einem im Rahmen der Konvention eingerichteten Welterbefonds. Die Liste des Welterbes wird von einem Welterbekomitee geführt, dem Experten aus 21 Ländern angehören, das einmal jährlich tagt und das dabei über die Aufnahme oder Streichung von Stätten befindet. Für die Entscheidung sind als übergeordnete Kriterien die *Einzigartigkeit*, die *Authentizität* (historische Echtheit) und die *Integrität* (Unversehrtheit) ausschlaggebend. Für Kulturlandschaften und Baudenkmäler sind darüber hinaus eine oder mehrere besondere Eigenschaften nachzuweisen. So muss es sich um ein „Meisterwerk der menschlichen Schöp-

© Springer Fachmedien Wiesbaden 2015
C. Raabe, *Denkmalpflege,* essentials, DOI 10.1007/978-3-658-11529-6_3

ferkraft" handeln oder um ein Schlüsselwerk „in Bezug auf die Entwicklung der Architektur oder Technik, der Großplastik, des Städtebaus oder der Landschaftsgestaltung". Das Objekt kann „ein einzigartiges oder zumindest außergewöhnliches Zeugnis einer kulturellen Tradition oder einer bestehenden oder untergegangenen Kultur darstellen", „einen oder mehrere bedeutsame Abschnitte der Geschichte der Menschheit versinnbildlichen", oder auch „ein hervorragendes Beispiel einer überlieferten menschlichen Siedlungsform, Boden- oder Meeresnutzung darstellen, die für eine oder mehrere bestimmte Kulturen typisch ist".

Der Aufnahmeprozess ist genau geregelt und dennoch langwierig, teuer und arbeitsintensiv. Eingereicht wird die Bewerbung von den Vertragsstaaten und nicht von den lokal verantwortlichen Trägern. Mit Hilfe der verlangten Kriterien ist der außergewöhnliche universelle Wert nachzuweisen und es muss ein Managementplan für die dauerhafte Unterhaltung erstellen werden, inklusive der Dokumentation aller Zuständigkeiten, Maßnahmen und Finanzierungen. Im Falle von Kulturgütern wird der Antrag nicht von dem Welterbekomitee selbst, sondern von den Fachleuten des *International Council on Monuments and Sites* (ICOMOS) evaluiert und deren Votum ist die Grundlage für die Entscheidung des Komitees. Nach dem Eintrag eines Kulturgutes in die Welterbeliste obliegt es ebenfalls der Organisation ICOMOS mittels eines Monitorings die weitere Entwicklung des Welterbes kritisch zu begleiten. Handelt es sich um Naturerbestätten, dann ist analog die *International Union for the Conservation of Nature* (IUCN) für die Evaluation vor und das Monitoring nach einem Eintrag zuständig (vgl. Abb. 3.1).

3.2 Nationale Denkmalschutzbehörden

Die Aufgabe der Denkmalpflege besteht darin, Denkmäler zu erhalten, zu erforschen und zu dokumentieren. Da die Denkmalgesetzgebung in Deutschland der Kulturhoheit der Länder unterliegt, gibt es auch 16 jeweils leicht divergierende Verwaltungsstrukturen, die im Prinzip dann aber doch sehr ähnlich funktionieren, weshalb im Folgenden nur der vereinfachte Regelfall beschrieben werden kann. Ebenso wie die baurechtlichen Belange unterliegen auch die denkmalrechtlichen Belange der Verantwortung der lokalen Behörden. Erster Ansprechpartner wird also immer die sogenannte *Untere Denkmalschutzbehörde* der Kommune sein, die für jedes Projekt die Genehmigungsbehörde ist und in der Regel die maßgebliche *Denkmalliste* führt, die jedem zugänglich ist und die über die Webseite der lokalen Behörden einzusehen sein sollte. In einigen Bundesländern ist die übergeordnete Fachbehörde für die *Denkmalliste* zuständig.

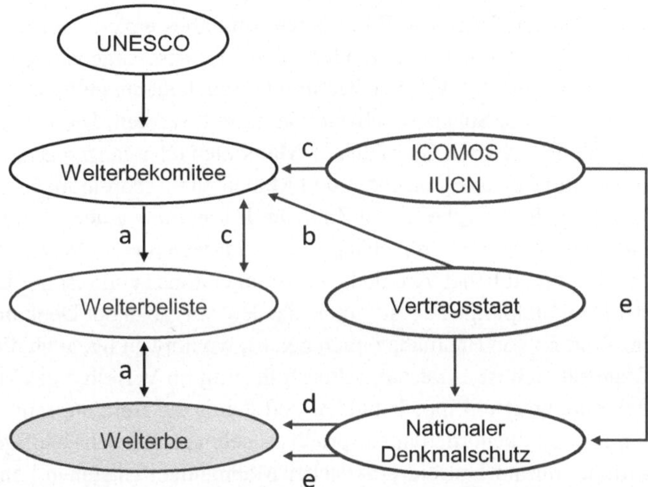

Abb. 3.1 *a*) Das Welterbekomitee führt die Welterbeliste. *b*) Die Vertragsstaaten beantragen bei dem Welterbekomitee die Eintragung eines Kultur- oder Naturerbes. *c*) ICOMOS oder IUCN prüfen den Antrag und erstellen für das Welterbekomitee eine Entscheidungsgrundlage. *d*) Mit der erfolgten Eintragung verpflichtet sich der Vertragsstaat zum Schutz seines Welterbes. *e*) Die weitere Entwicklung des Welterbes wird von ICOMOS oder IUCN laufend begutachtet

3.2.1   Denkmalrechtliche Genehmigung

Eine *denkmalrechtliche Genehmigung* ist notwendig, wenn das Denkmal abgebrochen, in seinem Erscheinungsbild verändert oder aber baulich instand gesetzt werden soll. Zu beachten ist, dass auch bei Veränderungen im unmittelbaren Umfeld möglicherweise eine *denkmalrechtliche Genehmigung* eingeholt werden muss. Die Voraussetzung für eine behördliche Zustimmung sind ausreichende Unterlagen, denen Art und Umfang der jeweiligen Maßnahme eindeutig zu entnehmen sind.

3.2.2   Denkmalpflegerische Zielstellung

Zu umfangreicheren Planungen gehört dabei eine sogenannte *denkmalpflegerische Zielstellung*, die explizit auf die diesbezüglichen Belange eingeht und in Form einer schlüssigen Gesamtkonzeption den Umgang mit der historischen Substanz nachvollziehbar beschreibt. Grundlegend sind Plandarstellungen des aktuellen

Bestandes, die aber häufig erst in Form eines Aufmaßes erstellt werden müssen. Zeichnerisch sind die baulichen Veränderungen in einem sogenannten rot/gelb-Plan darzulegen, wobei zum Abbruch bestimmte Bauelemente gelb, neue Bauteile rot und die unveränderte Substanz schwarz dargestellt werden. Die Erläuterungen zum Umgang mit historischen Oberflächen, Materialen oder ganzen Bauteilen sind ggfls. durch restauratorische Gutachten und Maßnahmebeschreibungen zu hinterlegen. Der Umfang der Vorarbeiten im Zuge der Erarbeitung einer *denkmalpflegerische Zielstellung* reicht also in Abhängigkeit vom jeweiligen Objekt unter Umständen weit über die üblichen Architektenleistungen hinaus und ist auf jeden Fall zeitig mit der Denkmalpflege abzustimmen. Zu den Aufgaben der Denkmalschutzbehörden im Kontext von Baumaßnahmen gehört, wo notwendig, auch die Baubegleitung. Grundsätzlich ist es ratsam, schon frühzeitig im Vorfeld eines Vorhabens die öffentlich annoncierten Sprechstunden und damit die Beratungsangebote der kommunalen Denkmalbehörden in Anspruch zu nehmen. Ein sehr häufiger Grund für die Konflikte, die im Umfeld praktischer Maßnahmen entstehen können - da gibt es unterschiedliche Motivationen und Pflichten der Beteiligten sowie differierenden Sichtweisen auf das denkmalgeschützte Objekt - ist eine ungenügende, unprofessionelle und verspätete Kommunikation der Akteure!

3.2.3   Obere Denkmalschutzbehörde

Handelt es sich um Denkmäler von herausragender Bedeutung, dann wird die *Untere Denkmalschutzbehörde* von Anfang an die *Obere Denkmalfachbehörde* beratend hinzuziehen. Diese Ebene hält ein erweitertes Fachwissen vor, ist unabhängig von den lokalen Kontexten und in der Regel landesweit bzw. überregional zuständig. Sie wird von Landeskonservatoren/innen geleitet und untersteht meistens den jeweils zuständigen Ministerien der Länder. Die Aufgabe dieser Ämter ist vor allem die Inventarisation, die Dokumentation und die sogenannte praktische Denkmalpflege, womit die fachliche Beratung der *Unteren kommunalen Denkmalschutzbehörden* oder auch direkt der Bauherren und Architekten gemeint ist. Einige Landesämter betreiben zudem noch eigene Restaurierungswerkstätten. Im Zuge der Inventarisation liefern sie unter anderem die wissenschaftlichen Grundlagen für neue Unterschutzstellungen und arbeiten damit den kommunalen *Unteren Denkmalschutzbehörden* zu. Der Bereich der Dokumentation umfasst schließlich die Bewahrung, Ordnung und ggf. Erschließung von Archivalien sowie eine Abteilung für eigenständige Projekte der *Historischen Bauforschung*, die im Kap. 6 näher beschrieben wird.

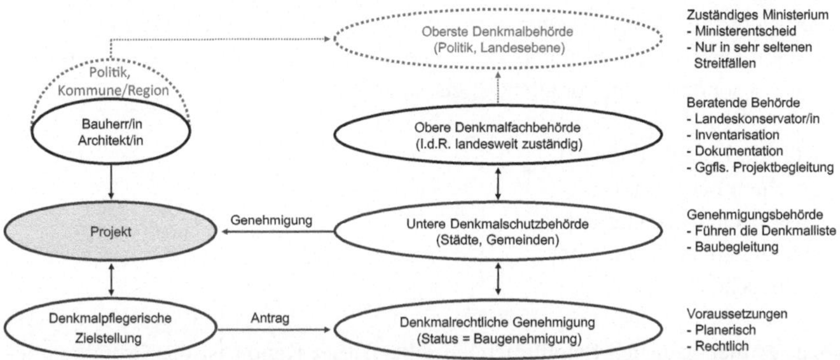

Abb. 3.2 Vereinfachte Darstellung der Struktur der Denkmalbehörden in Deutschland

Einige Bundesländer benennen zusätzlich den zuständigen Minister oder die Ministerin als Oberste Denkmalinstanz. Diese politische Ebene wird sehr selten konsultiert und zwar in der Regel nur dann, wenn die Auflagen des Denkmalschutzes, die ja laut der meisten Landesgesetze im *öffentlichen Interesse* liegen, mit den besonderen Interessen zum Beispiel einer Kommune oder eines Landes kollidieren, die ebenfalls mit einem *öffentlichen Interesse* hinterlegt sind. Das kann zum Beispiel im Kontext von Infrastrukturmaßnahmen und städtebaulichen Vorhaben der Fall sein. Dann gibt es im Streitfalle eine letzte Entscheidungsinstanz, den sogenannten Ministerentscheid, der abschließend für oder gegen das streitgegenständliche Denkmal spricht (vgl. Abb. 3.2).

3.3 Denkmalbegriff und Eintragung

Die Definition des Kulturdenkmals wird in den meisten Landesgesetzen sehr ähnlich beschrieben und als Beispiel sei hier das Denkmalschutzgesetz von Nordrhein-Westfalen genannt: „Denkmäler sind Sachen, Mehrheiten von Sachen und Teile von Sachen, an deren Erhaltung und Nutzung ein öffentliches Interesse besteht" (§ 2 Abs. 1 DSchG NRW). Damit bezieht man sich auf den § 90 BGB, in dem festgelegt ist, dass Sachen nur körperliche Gegenstände sind. Es kann also immer nur die tatsächlich vorhandene Substanz unter Schutz gestellt werden, nicht aber eine künstlerische Idee oder etwa ein Ort von historischem Interesse, der aber diesbezüglich keinerlei materielle Spuren mehr aufweist. Die Gesetze der Bundesländer untergliedern den Oberbegriff *Denkmal* dann weiter in fachlich unterschiedene Kategorien wie zum Beispiel *Gartendenkmäler, Denkmalbereiche, beweg-*

liche Denkmäler, Industriedenkmäler etc. Weiter finden sich für die Begründung des öffentlichen Erhaltungsinteresses, ungeachtet einiger zusätzlicher länderspezifischen Besonderheiten, vor allem folgende Kriterien:

- Künstlerische Gründe,
- geschichtliche Gründe,
- wissenschaftliche Gründe,
- städtebauliche Gründe und
- technische Gründe,

wobei es hier natürlich Schnittmengen gibt. Dieser Kanon ist die Grundlage jeder Argumentation zugunsten einer Unterschutzstellung und so ist die Denkmalwürdigkeit einer Sache anhand dieser Kriterien nachzuweisen, wobei in der Regel mehrere der genannten Charakteristika belegt werden.

Die Eintragung eines Objektes in Denkmallisten, -verzeichnisse oder -bücher wird in den Bundesländern ebenfalls uneinheitlich gehandhabt, was somit auch jeweils unterschiedliche rechtliche Bewertungen der Unterschutzstellung nach sich zieht. Die Eintragung kann eine *nachrichtliche*, eine sogenannte *deklatorische* Bedeutung haben und in diesem Falle ist sie nicht mit einem Verwaltungsakt verbunden und auch nicht rechtsbegründend. Das heißt einerseits, dass die zugrundliegenden Denkmaleigenschaften anfechtbar sind und andererseits, dass ein Objekt aber auch dann ein Denkmal sein kann, wenn es nachrichtlich als solches noch nicht erfasst ist.

Kommt der Eintragung dagegen eine *konstitutive* Bedeutung zu, dann kann im Nachgang einer Feststellung der Denkmaleigenschaft mit Hilfe eines Verwaltungsaktes dieselbe kaum mehr in Frage gestellt werden. Der Eigentümer erhält einen Eintragungsbescheid mit der zugehörigen Begründung, eine Rechtsbehelfsbelehrung sowie eine einjährige Klagefrist. Jeder spätere Käufer erwirbt das Objekt dann mit den öffentlich-rechtlichen Beschränkungen, die sich aus der Unterschutzstellung ergeben. Es kommt auch vor, dass beide Bewertungen in einem Land zur Anwendung kommen und z. B. unterschiedlichen Denkmalkategorien zugeordnet sind. (siehe Martin und Krautzberger 2010, S. 216 ff.)

Praxis

4

4.1 Dokumentation und Befunduntersuchung

Grundlage jeder Planung einer Bau- oder Erhaltungsmaßnahme im Denkmalkontext ist die Bestandsdokumentation. Art und Umfang dieser Arbeit, ebenso wie die jeweils besonders zu fokussierenden Fragestellungen, sind immer abhängig vom Objekt und müssen im Vorfeld unbedingt mit der zuständigen Denkmalbehörde abgestimmt werden. Die im Folgenden vorgestellten Maßnahmen zeigen vereinfacht den möglichen Kanon der Vorbereitung, was aber nicht heißt, dass dieses Programm bei jedem Vorhaben vollumfänglich durchzuführen ist oder nicht noch weitergehende Untersuchungen vorgenommen werden müssen.

Man beginnt üblicherweise mit einer Literaturrecherche und der Auswertung des gesamten zugänglichen Akten-, Foto- und Planmaterials sowie möglicher sonstiger Quellen. Je nach Objekt sollten Kunst- oder/und Bautechnikhistoriker/innen an der Recherche beteiligt werden. Unter Zuhilfenahme der Unterlagen ist die Baugeschichte eines Gebäudes nebst der belegten Veränderungen möglicherweise nachzuvollziehen. Angaben zu Material und Konstruktion und ggf. Hinweise auf frühere Bauschäden, auf bauphysikalische oder statische Probleme sind dabei wichtige Informationen nicht nur für die Forschung, sondern auch für projektierte Vorhaben und die zukünftige Nutzung.

Der Bestand und alle beabsichtigten Veränderungen an Denkmälern müssen dokumentiert werden und auch für die Bauplanung und -durchführung ist eine möglichst detaillierte Erfassung des Gebäudebestandes notwendig. In den seltensten Fällen sind verlässliche digitale Zeichnungen vorhanden, weshalb die Erstellung eines Gebäudeaufmaßes in der Regel unerlässlich ist. Je nach Größe und vor allem Bedeutung des Objektes variiert hierbei die zu wählende Darstellungstiefe. Allgemein durchgesetzt haben sich die folgenden Unterscheidungen (Donath 2008, S. 36):

© Springer Fachmedien Wiesbaden 2015
C. Raabe, *Denkmalpflege*, essentials, DOI 10.1007/978-3-658-11529-6_4

Genauigkeitsstufe 1 – Schematisches Aufmaß

Es werden keine besonderen Anforderungen an die Genauigkeit gestellt und es gibt keinerlei Details. Diese Kategorie ist den Anforderungen der Denkmalpflege nicht angemessen.

Genauigkeitsstufe 2 – Annähernd wirklichkeitsgetreues Aufmaß

Der konstruktive Aufbau ist ablesbar sowie deutlich sichtbare Verformungen.

Genauigkeitsstufe 3 – Verformungsgetreues Aufmaß

Hier werden alle wesentlichen Details erfasst, zum Beispiel Hinweise auf frühere Bauphasen, Baufugen oder vermauerte Öffnungen etc. und mit einer hohen Genauigkeit dargestellt.

Genauigkeitsstufe 4 – Verformungsgetreues Aufmaß mit detaillierter Darstellung

Für bedeutende Denkmäler oder für die Forschung wird diese Darstellungstiefe gewählt, die noch die allerfeinsten Details beinhaltet.

Für die zeichnerische Dokumentation eines Baubestandes kommen je nach Anforderungsprofil und Darstellungstiefe unterschiedliche Methoden zur Anwendung, die nicht selten auch kombiniert werden. Das klassische Handaufmaß dient heute vor allem der Detailaufnahme und wird nur noch in seltenen Fällen für die Dokumentation ganzer Gebäude eingesetzt. Die hierfür nötige Ausstattung ist zwar sehr kostengünstig, eine umfangreichere Vermessung dafür aber sehr zeitintensiv. Gängig ist die Verwendung von Tachymetern, die von einem Standpunkt aus jeden Punkt im Raum relativ durch die zugehörigen Horizontal- und Vertikalwinkel sowie durch die Entfernung bestimmen und in CAD-Programme übertragen können. Neben dieser Einzelpunktmessung gewinnen 3d-Laserscanverfahren an Bedeutung, die im Gegensatz zum Tachymeter Punktwolken generieren, welche nach einer entsprechenden Bearbeitung Oberflächen und Räume abbilden. Ein optisches Messverfahren das schon im 19. Jh. zur Anwendung kam, ist die Fotogrammetrie, die in unserem Zusammenhang vor allem maßstabsgerechte entzerrte Messbilder liefert, sogenannte Ortofotos. Diese hochauflösenden Fotos, die mitunter aus zahlreichen Einzelbildern zusammengesetzt sind, liefern in Verbindung mit tachymetrisch oder aber scangestützten Einmessungen von Referenzpunkten eine sehr hohe Maßgenauigkeit und ermöglichen die relativ zügige Dokumentation großer Flächen (vgl. Abb. 4.1). (Eine ausführliche Darstellung der verschiedenen Dokumentationsmethoden findet sich bei Weferling 2001)

Aufmaße der Genauigkeitsstufen 3 und 4 werden in Verbindung mit bauforscherischen Untersuchungen angefertigt und durch eine systematische Erfassung der Substanz vermittels eines Raumbuches ergänzt, in dem der Bestand, die Ausstattung und die zugehörigen Befunduntersuchungen raumweise bauteilbezogen dokumentiert und beschrieben werden. Die Befunduntersuchungen interpretieren

Abb. 4.1 Ausschnitt aus einem verformungsgetreuen Aufmaßes der Südfassade des Aachener Rathauses (Dipl.-Ing. Marc Wietheger, LFG DHB, RWTH Aachen. Auftraggeber: Stadt Aachen). Tachymetrisches Aufmaß, ergänzt durch händische Vermessungen, steingerecht in Kombination mit eingemessenen Orthofotos

und bewerten die Eigenarten von Bauteilen, Materialien, Konstruktionen, Oberflächen und Ausstattungen. Gesucht werden zudem Spuren, die Veränderungen belegen, das können Störungen der Substanz, Abnutzungen, Überformungen, Verkleidungen oder Ausbesserungen sein. Zu beachten ist dabei, dass sich im Laufe einer Baumaßnahme zum Beispiel durch Freilegungen möglicherweise die Notwendigkeit von Nachträgen und Ergänzungen im Aufmaß und in den Befunduntersuchungen ergibt. Die gewachsene Folge älterer Farbfassungen, Wandbekleidungen oder Stukkaturen können von Restauratoren anhand sogenannter Farbschnitte ermittelt werden. Zur Herkunfts- und Altersbestimmung von Materialien und Bauteilen werden neben den kunst-, bau- und konstruktionshistorischen Vergleichen auch naturwissenschaftliche Untersuchungen eingesetzt, die mitunter Datierungen ermöglichen und die historischen Zuordnungen präzisieren können (vgl. Abb. 4.2). Die Ziele und Methoden der Bauforschung werden im Kap. 5 ausführlicher beschrieben.

Unabhängig von dem Forschungsinteresse verdeutlicht die Befunduntersuchung Bauherren und Planern, welche Bereiche besonderen Schutz genießen und

Abb. 4.2 Hier ist ein sogenannter Farbschnitt zu sehen, der in einer chronologischen Reihenfolge 5 verschiedene Farbschichten am Pfeiler und an der Wand einer mittelalterlichen Kirche offenlegt

wo beispielsweise Versorgungsleitungen etc. ohne eine Zerstörung der historisch bedeutenden Substanz verlegt werden können oder an welchen Stellen etwa für Umnutzungen die Raumstruktur veränderbar ist. Die Statiker erhalten wichtige Informationen zu Art und Zustand der Konstruktionen und Materialien. Der Umfang und die jeweilige Betrachtungstiefe sind mit den zuständigen Denkmalbörden im Vorfeld zu klären und in Abhängigkeit vom Objekt sind bei der Projektierung ggf. aufwändigere Voruntersuchungen zeitlich und finanziell einzuplanen. Eine denkmalgerechte, denkmalrechtlich genehmigungsfähige und damit vernünftige Bauplanung, eine belastbare Kostenschätzung und später dann die halbwegs nachtragssichere Ausschreibung - das Standardleistungsbuch ist hier kaum anwendbar - sind ohne diese Vorarbeiten nicht denkbar. (Siehe auch Cramer und Backes 1987)

4.2   Planung, Bau, Finanzen

Im Folgenden werden wesentliche denkmalbedingte Unterschiede der Bauplanung und -durchführung im Vergleich zum einfachen Neubau benannt und selbstverständlich sind die hier vermerkten Hinweise nur ganz allgemein zu verstehen, denn jedes Denkmal zeichnet sich durch eine individuell erkannte und benannte Wertsetzung aus, die besondere Fokussierungen bedingt. Hinzu kommen natürlich die materiellen Eigenarten eines jeden Gebäudes. An dieser Stelle sei außerdem auf die Bedeutung einer frühzeitigen Kommunikation mit den zuständigen Denkmalbehörden hingewiesen, um einerseits das Vorhaben bekannt zu machen und andererseits durch die vorangehenden Diskussionen und Festlegungen des notwendigen Untersuchungsumfangs Planungs- und Kostensicherheit zu erreichen. Die Ermittlung der Grundlagen ist aufgrund der beschriebenen Dokumentation und Befunderhebung zeitaufwändig und teuer, doch Kosten, die zu Lasten dieser notwendigen und mitunter vorgeschriebenen Maßnahmen eingespart werden, tauchen nicht selten später beim Bau infolge unerwarteter Überraschungen wieder auf. Die Kenntnis des Bauwerkes bedient die denkmalpflegerischen Belange und gewährleistet gleichzeitig die Kostensicherheit. Übertragen in die DIN 276 zeigt sich, dass für die Kostengruppe 700 (Nebenkosten) durch die Einbindung zusätzlicher Sachverständiger höhere Kosten anzusetzen sind als bei einem Neubau mit vergleichbaren Werten in der Kostengruppe 300 (Bauwerk und Baukonstruktionen) und zudem im Vorfeld für die Dokumentation und ggf. die Bauforschung ausreichend Zeit einzuräumen ist. Die höheren Baunebenkosten im Vergleich zu einem Neubau sind jedoch zu relativieren, da die Gesamtbaukosten/qm (ohne Grundstückswert) üblicherweise deutlich geringer ausfallen als bei einem Neubau, ganz gleich, ob es sich um Instandsetzungs-, Restaurierungs- oder Sanierungsmaßnahmen handelt.

Auf der Grundlage der Voruntersuchungen ist eine Bauplanung zu entwickeln, die mit der oben schon genannten *denkmalpflegerische Zielstellung* hinterlegt wird. Diese Zielstellung beschreibt detailliert den beabsichtigten Umgang mit der historischen Substanz in Bezug auf Entwurfsentscheidungen, vorgesehene Nutzungen, festgestellte Schadensbilder und jene bauliche Veränderungen, die sich aus dem technischen Ausbau und den Auflagen des Brandschutzes ergeben können. Dokumentation, Bauforschung, Bauplanung und die Zielstellung sind die Grundlagen des Antrags auf eine *Denkmalrechtliche Genehmigung* (*denkmalrechtliche Erlaubnis*) des Vorhabens bei der zuständigen *Unteren Denkmalschutzbehörde*.

Zentrale Kriterien für die denkmalpflegerische Bewertung eines Projektes sind einerseits der Erhalt der historischen Bausubstanz nebst Ausstattung und andererseits die *Angemessenheit* der Maßnahme. Das bedeutet, dass jede Überlegung bezüglich einer Veränderung der Nutzung und der baulichen Struktur eines Denkmals möglichst von dem überlieferten Bestand aus zu denken ist und nicht umgekehrt dem Bauwerk ein Konzept übergestülpt wird, das dieses gar nicht vernünftig zu erfüllen vermag. Gegen die Bauidee, die Substanz, die Konstruktion und die Potentiale eines historischen Gebäudes zu planen, ist nicht nur aus denkmalpflegerischen Gründen grundfalsch. Der Substanzschutz manifestiert sich in dem Prinzip der *Reversibilität*, mit dem gemeint ist, dass alle Hinzufügungen so geplant und ausgeführt werden sollen, dass sie im Prinzip rückgängig gemacht werden könnten. Das geschieht natürlich so gut wie nie und deshalb handelt es sich um eine durchaus zweifelhafte Forderung; sie ist aber in einem übertragenen Sinne wichtig, denn die damit verbundene Aufgabe ist, die Denkmalsubstanz auch dann rücksichtvoll zu behandeln, wenn sie z. B. dauerhaft hinter Einbauten oder Dämmungen verschwindet. Das Prinzip mahnt schlicht an, alle Eingriffe so vorzunehmen, dass sie mit einem möglichst minimalen Eingriff in die Substanz verbunden sind.

Neben der Denkmalerfahrung, die bei den planenden Architekten/innen vorauszusetzen ist, muss auch die Bedeutung eines angemessenen fachlichen Hintergrundes bei den beteiligten Ingenieuren und den Ausführenden hervorgehoben werden. Grundsätzlich ist es sinnvoll, die Dokumentation und die bauforscherischen Befunduntersuchungen begleitend, weitere planungsnotwendige Schadenskartierungen oder wenn notwendig ganze Gutachten in Bezug auf folgende Fachgebiete zu beauftragen: Statik und Konstruktionen, Energietechnik und Bauphysik, Brandschutz, Materialuntersuchungen von Mauerwerk (Salzbelastungen), Mörtel, Putz, Stahl und Holz (Befall, Kontaminationen). In einigen Fällen muss zudem die archäologische Forschung einbezogen werden.

Die Tragwerksplanern/innen haben sich auf vorhandene und heute nicht mehr gebräuchliche Konstruktionen einzustellen, die ggf. mit möglichst zurückhaltenden und substanzschonenden Maßnahmen zu ertüchtigen bzw. zu ersetzen sind. Wichtig ist außerdem eine bauphysikalische Bewertung der historischen Bausubstanz sowie die Behandlung bestehender Schadensbilder, die material- oder konstruktionsimmanente Ursachen haben können, wie etwa eine aufsteigende Feuchte, oder aber mit veränderten Nutzungen oder sonstigen Außeneinwirkungen zusammenhängen. Die Entstehung neuer Schadenspotentiale im Zusammenhang mit baulichen Maßnahmen gilt es zu vermeiden und eine besondere Herausforderung in diesem Zusammenhang ist der Wärmschutz. Jede Dämmmaßnahme verändert das bauphysikalische Gefüge sowie das Erscheinungsbild der Fassaden, der Oberflächen und verzerrt möglicherweise die Proportionen des Baukörpers. Das Fassadenbild eines Gebäudes ist in der Regel ein wichtiges Element der Denkmalbegründung und gleichzeitig gehört eine angemessene und auch zumutbare Nutzung eines Denkmals zu den wichtigen Voraussetzungen für seinen Erhalt. Ein Dilemma, dem häufig nur mit einem Kompromiss begegnet werden kann, der im Dialog mit den Ämtern auszuhandeln ist. Im Laufe des Bauprozesses bleibt die zuständige Denkmalbehörde weiter eingebunden und wird auch, wenn möglich und nötig, an den Bauberatungen teilnehmen. Die denkmalpflegerischen Belange sind in den Bauprotokollen explizit zu behandeln und alle diesbezüglichen Maßnahmen baubegleitend in Bild und Schrift festzuhalten. Dieser ‚laufende' Beleg erleichtert die abschließende zusammenhängende Dokumentation aller Eingriffe und Veränderungen im Abgleich und wenn nötig auch in Abänderung der in der *denkmalpflegerischen Zielsetzung* genannten Vorgehensweise.

Der Eigentümer ist verpflichtet, sein Denkmal zu erhalten. Denkmalbedingte Mehraufwendungen können wegen des öffentlichen Interesses an deren Erhaltung und Nutzung mitunter von der öffentlichen Hand übernommen werden. Es gibt die Möglichkeit, direkte Zuschüsse bei Bund, Ländern und Gemeinden zu beantragen, oder aber über Steuererleichterungen indirekt zu profitieren. Hinzu kommen Mittel aus Sonderprogrammen des Bundes und der Länder oder Zuwendungen, die von Stiftungen geleistet werden. Eine gültige Zusammenstellung aller Möglichkeiten der Förderung ist hier nicht zu leisten, zumal auch die jeweilige Ausstattung je nach Region und Legislaturperiode sehr unterschiedlich ausfällt, da die Aufwendungen für den Denkmalschutz in den Finanzplanungen der Gebietskörperschaften eher auf der Seite der kürzungsbedrohten Haushaltsposten zu finden sind. Wegen der schwierigen finanziellen Lage haben manche Länder besondere Darlehensprogramme für private Denkmaleigentümern ins Leben gerufen. Die aktiven Angebote sind bei den zuständigen Denkmalbehörden zu erfragen. Zuschüsse aus Landesmitteln sind in der Regel bei der *Oberen Denkmalschutzbehörde* zu beantragen, solche der Gemeinden und Kreise entsprechend bei der jeweils zuständigen lokalen Behörde. Eine wichtige Voraussetzung für die Förderung ist in der Regel die *Denkmalrechtliche Genehmigung* und wo nötig auch die *Baugenehmigung* für das projektierte Vorhaben. Zu beachten ist außerdem, dass im Falle eines positiv beschiedenen Förderantrages in keinem Fall mit einer Baumaßnahme begonnen werden darf, bevor der schriftliche Bewilligungsbescheid vorliegt. Zu einem Förderantrag gehört ein Finanzierungsplan, der die Eigenmittel wie auch alle weiteren Förderungen ausweist.

Ja nach Lage und Bedeutung des Bauwerkes können auch die Programme der Städtebauförderung des Bundes und der Länder für eine Unterstützung infrage kommen. Hier sollte das Denkmal zu einem *Sanierungsgebiet* gehören oder aber ein Objekt sein, das als Einzelvorhaben eine besondere städtebauliche Bedeutung hat und Teil eines städtebaulichen Entwicklungskonzeptes ist. Die Bundesförderung der *Beauftragten der Bundesregierung für Kultur und Medien* (BKM) adressiert lediglich „national wertvolle Kulturdenkmäler". Über derartige Programme hinaus kommt der Denkmalförderung durch Stiftungen eine wachsende Bedeutung zu (Hier eine Auswahl):

- *Deutsche Stiftung Denkmalschutz*
  Die DSD ist sicher die wichtigste Stiftung, wenn es um den Denkmalbestand in Deutschland geht. Sie widmet sich der Erhaltung und der Wiederherstellung von Denkmalen, die sich im Besitz von gemeinnützigen Einrichtungen, Kir-

chengemeinden, Kommunen oder Privatpersonen befinden. Die Stiftung koordiniert bundesweit den Tag des offenen Denkmals und betreibt für die Fortbildung von Fachleuten und Laien eine *DenkmalAkademie*.

*   *Deutsche Bundesstiftung Umwelt*
    Schutz und Bewahrung umweltgeschädigter Kulturdenkmäler.
*   *Bayerische Landesstiftung*
    Der Schwerpunkt liegt auf dem Gebiet der Denkmalpflege in Bayern.
*   *Denkmalstiftung Baden-Württemberg*
    Unterstützung privater Initiativen im Bereich der Denkmalpflege.
*   *Leipziger Denkmalstiftung*
    Zweck der Stiftung ist der Erhalt und die Wiederherstellung bedeutsamer Kulturdenkmale im Sinne der Denkmalschutzgesetze.
*   *NRW-Stiftung*
    Heimat- und Kulturpflege. Der Fokus liegt auf kleineren und mittleren Baudenkmälern.
*   *Sparkassen-Kulturstiftung Hessen-Thüringen*
    Die Stiftung fördert im Rahmen ihres Engagements auch Denkmalprojekte.
*   *Stiftung Denkmalpflege Hamburg*
    Erwerb, Wiederherstellung und vorbildliche Restaurierung eigener Gebäude. Zuschüsse für externe Denkmalprojekte.
*   *Stiftung Dome und Schlösser in Sachsen-Anhalt*
    Zweck der Stiftung ist es, die im Eigentum der Stiftung stehenden Dome, Kirchen, Klöster, Burgen und Schlösser sowie bewegliche Kunst- und Kulturgüter in Sachsen-Anhalt zu erhalten.
*   *Stiftung Industriedenkmalpflege und Geschichtskultur*
    Die Aufgabe der Stiftung ist die Erforschung und Bewahrung historischer Industrieanlagen vornehmlich in NRW.
*   *Stiftung Kiba*
    Stiftung zur Bewahrung der kirchlichen Baukunst.
*   *Wüstenrot Stiftung*
    Die Stiftung unterhält unter anderem ein eigenes Denkmalprogramm.

Indirekte Zuschüsse gibt es in Form von Steuervergünstigungen als Ausgleich für die denkmalbedingten Aufwendungen des Eigentümers. Auch diese Art der öffentlichen Subventionen unterliegt Veränderungen, weshalb hier nur ein Überblick gegeben werden kann. Detaillierte Angaben erhält man bei der zuständigen Denkmalbehörde - fast alle Landesämter stellen im Netz Steuertipps für Denkmaleigentümer zu Verfügung - und bei in dem Metier bewanderten Steuerberatern/innen. Zu unterscheiden sind folgende Vergünstigungen:

- Einkommensteuer
  Baukosten, die der sinnvollen Nutzung oder der Erhaltung eines Denkmals die-
  nen, können über einen Zeitraum von sieben Jahren anteilmäßig bei der Einkommensteuer geltend gemacht werden. Mit Maßnahmen, die eine sinnvolle
  Nutzung ermöglichen, sind Anpassungen an zeitgemäße Nutzungsverhältnisse
  gemeint, aber keine Optimierungen der wirtschaftlichen Potentiale des Denkmals.
- Einheitsbewertung
  Für die zum Denkmal gehörenden Grundstücke können die Einheitsbewertung
  und alle damit verbunden Steuern vermindert werden.
- Grundsteuer
  Wird ein Objekt aus Denkmalschutzgründen erhalten, kann die Grundsteuer
  unter bestimmten Umständen teilweise oder vollständig erlassen werden.
- Erbschaft- und Schenkungsteuer
  Der Verkehrswert von Denkmälern und Ausstattungen kann signifikant ge-
  mindert werden, wenn die Kosten die Einnahmen übersteigen und die Objekte
  der Forschung oder der Volksbildung zugänglich sind. Sind die Denkmäler seit
  mindestens 20 Jahren im Besitz, entfällt die Erbschaft- und Schenkungssteuer
  ganz.

Bauforschung 5

Die Bauforschung liefert uns Erkenntnisse über die Bauten und ist die wissenschaftliche Grundlage für jedes angemessene denkmalpflegerische Handeln. Die materielle Substanz eines Denkmals vereinigt in sich die Belege verschiedener historischer Schichtungen und Nutzungen, die mithilfe der Bauforschung systematisch zu erfassen und zu analysieren sind. Standards für bauforscherische Untersuchungen im Kontext von Restaurierungs- und Sanierungsmaßahmen werden in den Arbeitsblättern der Vereinigung der Landesdenkmalpfleger beschrieben, die online zugänglich sind: (VdL) http://www.denkmalpflege-forum.de/Veroffentlichungen/Arbeitsblatter/arbeitsblatter.html.

Die Beschreibung der Disziplin Bauforschung geht auf den Architekten und Archäologen Armin von Gerkan zurück, der den Begriff in den 1920er Jahren einführte. Die Bauforschung erarbeitete sich mit ihrem ständig erweiternden Methodenspektrum in dieser Zeit ganz eigene Aufgabenfelder und war damit nicht mehr nur eine Hilfswissenschaft der Archäologie, sondern entwickelte sich zu einer selbständigen wissenschaftliche Disziplin. Die zunehmende Bedeutung seit dem Beginn des 20. Jh. hängt auch mit einer fortschreitenden Diversifizierung und Verfeinerung der naturwissenschaftlichen Untersuchungsverfahren zusammen. Nach 1945 entsteht als ein verwandter Zweig außerdem die bautechnisch orientierte Forschung, die sich mit Baumethoden und -materialien beschäftigt. Um Missverständnisse zu vermeiden, unterscheidet man in der Folge zwischen der Technischen und der Historischen Bauforschung. Das versammelte Baustoffwissen und die diagnostischen Kompetenzen der Technischen Bauforschung unterstützen die bauhistorischen Forschungszweige ebenso wie die Restaurierungspraxis im Umfeld der Denkmalpflege. Der Bauforscher sollte idealerweise Architektur studiert und eine zusätzliche Ausbildung der Bauforschung/Denkmalpflege angeschlossen haben.

© Springer Fachmedien Wiesbaden 2015
C. Raabe, *Denkmalpflege*, essentials, DOI 10.1007/978-3-658-11529-6_5

Bei der Historischen Bauforschung geht vor allem darum, die Entwicklungs-
stufen eines Gebäudes auf der Grundlage von Befunden sowie zugänglicher ex-
terner Quellen zu ordnen, alle Bau- oder Ausstattungsphasen zu erkennen und dar-
zustellen. Das Bauwerk selbst ist dabei die wichtigste Quelle und damit auch der
zentrale Gegenstand jeder Spurensuche. Methodisch sind drei Arbeitsbereiche zu
unterscheiden:

1.) Am Anfang steht immer die Literatur und Archivrecherche und damit die
     Suche nach textlichen, zeichnerischen und photographischen Zeugnissen des
     zu bearbeitenden Gebäudes. Alle Beschreibungen und Darstellungen – und
     hier sind nicht allein historische Dokumente gemeint, sondern auch solche
     jüngeren Datums – bedürfen einer Interpretation, einer kritischen Einordnung,
     denn die Erfahrung lehrt, dass in Text und Bild nicht immer das beschrie-
     ben wird, was wirklich war, – mitunter noch nicht einmal das, was wirklich
     ist. Interessant sind dabei natürlich auch jene Zeugnisse, die frühere Bauge-
     schehen verwaltungstechnisch dokumentieren: Gewerke- und Materiallisten,
     Abrechnungen und Genehmigungen.

2.) Jedes Bauwerk birgt zahlreiche Hinweise auf seine Entstehung und Ent-
     wicklung, es ist in diesem Sinne ein ‚gebauter Urkundenbestand‘. Um seine
     Geschichte rekonstruieren zu können, bedient man sich für die Erschließung
     des Gebäudes zweier unterschiedlicher Notationen der genauen Beobachtung.
     Eine ausführliche Baubeschreibung benennt das städtebauliche und gege-
     benenfalls topographische Umfeld, identifiziert die Bauteile, die räumliche
     und konstruktive Struktur sowie die Eigenarten der verwendeten Materialien
     nebst aller Bearbeitungsspuren. In einem Raumbuch werden zusätzlich sys-
     tematisch die Zustände und Details aller Flächen festgehalten, wie auch die
     mobile sowie die immobile Ausstattung. Eine begriffliche Erschließung der
     Bausubstanz hilft bei der Gliederung der Beobachtungen und trägt dazu bei,
     objektspezifische Fragestellungen zu entwickeln oder zu präzisieren.
     Das zweite Verfahren der Baubeobachtung ist die exakte bildliche und zeich-
     nerische Dokumentation des Objektes. Die wichtigste Grundlage ist hier
     eine maßstabsgerechte Bauaufnahme des gegenwärtigen Zustandes, wobei
     Mess- und Darstellungsverfahren dem Objekt und auch den Forschungsfragen
     angemessen sein müssen. Die erhobenen analogen ebenso wie die digitalen
     Bild- oder Planmaterialien werden selbst zur Quelle und sind demnach ange-
     messen zu archivieren.

3.) Über die beschriebenen Beobachtungen hinaus können Materialuntersuchun-
     gen helfen, chronologische Zuordnungen oder materiell-konstruktive Gefüge
     zu belegen. Diese Form der Befunderhebung ist in der Regel mit Substanzver-

lusten verbunden und will deshalb sorgfältig abgewogen werden. Zu unterscheiden sind einerseits Klärungen von Schichtenfolgen, etwa übereinander gelagerter Farbfassungen von Wand- und Deckenoberflächen, die uns eine relative Chronologie liefern und andererseits materialbezogene Analysen, die mitunter wahrscheinliche absolute Datierungen ermöglichen.

Ein paar Beispiele: Die Zusammensetzung eines Mörtels kann durch einen Vergleich mit Referenzsubstanzen recht genau auf die Epoche hinweisen, in der dieser Mörtel entstanden ist. Im Bereich der Bauforschung hat sich die eigens für den Vergleich von historischen Putzen entwickelte sogenannte halbquantitative Analyse bewährt, die sich auf die Untersuchung wesentlicher Komponenten wie Bindemittel, Zuschlag und der löslichen Bestandteile konzentriert. Die Zuordnung von Farbfassungen geschieht vermittels chemischer und mikroskopischer Untersuchungen.

Holzbauteile sind mithilfe der Dendrochronologie zu datieren, einer Methode der Vermessung und des Vergleichs von Jahrringen, die Rückschlüsse auf das Fälldatum zulässt. Petrographische Untersuchungen schließlich erlauben gesteinskundliche Zuordnungen und verweisen unter Umständen auf Lagerstätten und damit auch auf historische Abbaumethoden und Transportwege. Die in historischen Bauten verwendeten Materialien Stein, Holz, Mörtel und Farben verraten also im Rahmen naturwissenschaftlicher Untersuchungen ihre Eigenarten, mitunter ihre Herkunft und liefern manchmal sogar verlässliche Datierungen.

Aus der Zusammenschau aller Ergebnisse ergibt sich schließlich die Auswertung der Befunde. Die gewonnenen Erkenntnisse werden in einen Zusammenhang gebracht und das Ziel ist es nun, den Entwicklungsprozess des untersuchten Bauwerkes möglichst vom Ursprung bis zum gegenwärtigen Zustand begründet und nachvollziehbar dokumentieren zu können. Es geht dabei um das Erkennen der spezifischen baulichen Merkmale von Funktion, Form, Material und Konstruktion sowie um die zeitliche Einordnung und Abfolge der identifizierten Bau- oder auch Zerstörungsphasen. Ein Ergebnisbericht bettet sie in den Kontext des Fachwissens ein und sollte sich zudem um eine Vermittlung der Erkenntnisse der Historischen Bauforschung bemühen.

Begriffe 6

- Denkmalschutz und Denkmalpflege
  Mit dem Denkmalschutz sind alle hoheitlichen Maßnahmen der öffentlichen Hand gemeint: Gebote, Verbote, Genehmigungen, Erlaubnisse und Sanktionen. Unter Denkmalpflege versteht man alle Bemühungen nicht hoheitlicher Art die Pflege und den Schutz des Denkmals betreffend. Dazu gehören die behördlichen Unterstützungen ebenso wie das auf den Denkmalerhalt zielende Engagement aller Beteiligten in Bezug auf Vorsorge, Beratung, Planung, Bau und Nutzung. (vgl. Martin und Krautzberger 2010, S. 1)
- Instandhaltung und Instandsetzung
  Die Instandhaltung umfasst die Pflege und die Wartung eines Objektes zur Vermeidung von Schäden durch Verwahrlosung, Brand oder Diebstahl. Mit der Instandsetzung sind alle periodisch nötige Reparaturen, Ergänzungen, Sicherungen und Auswechslungen gemeint, die sich aber auf das Notwendige beschränken sollten.
- Konservierung
  Konservierung nennt man die Erhaltung des vorgefundenen Zustandes eines Objektes, dessen materielle Sicherung sowie die Vermeidung des weiteren Substanzverlustes durch eine Verhinderung von Verfallsprozessen.
- Restaurierung
  Die Restaurierung geht über die Konservierung hinaus und bedeutet eine Wiederherstellung eines ursprünglichen oder eines gewachsenen Zustands. Die Restaurierung hat die Gesamterscheinung des Denkmals als geschichtliches und künstlerisches Zeugnis im Auge und fügt im Anschluss an die Sicherung und Konservierung dem originalen Bestandes neue Teile hinzu.
- Renovierung, Modernisierung und Sanierung
  Die Begriffe benennen umfassende und tiefgreifende Maßnahmen, die mit einer umfangreichen Zerstörung der Substanz verbunden sind. Gründe können das

© Springer Fachmedien Wiesbaden 2015
C. Raabe, *Denkmalpflege*, essentials, DOI 10.1007/978-3-658-11529-6_6

Bauordnungsrecht sein oder Nutzeranforderungen. Es handelt sich in der Regel um eine Verfälschung und Entwertung des Denkmals.

- Rekonstruktion
  Mit der Rekonstruktion ist die Nachbildung eines ursprünglichen Zustandes nach dem Vorbild alter Pläne, Fotos, Gemälde und Spolien gemeint. In der denkmalpflegerischen Diskussion wird die Rekonstruktion eher negativ konnotiert oder zumindest kontrovers diskutiert. Jede Rekonstruktion ist ein Neubau.

- Wiederaufbau
  Der Wiederaufbau wir häufig fälschlicherweise mit einer Rekonstruktion gleichgesetzt, meint aber im Gegensatz zu dieser nicht notwendigerweise die Annäherung an das verlorene Erscheinungsbild eines Bauwerkes.

- Anastylose
  Eine Anastylose ist die Wiederverwendung originaler Bauglieder etwa bei der Wiederaufrichtung zerstörter Bauteile.

- Translozierung
  Den Abbau und rekonstruierenden Wiederaufbau eines Gebäudes an einer anderen Stelle bezeichnet man als Translozierung, die eigentlich nur durchgeführt wird, wenn das Objekt am angestammten Ort aus irgendwelchen Gründen der Zerstörung anheimfallen würde.

Was Sie aus diesem Essential mitnehmen können

Die vier Felder „Geschichte, Organisation, Praxis, Forschung" stehen für ganz unterschiedliche Annäherungen und Fragestellungen, für ganz verschieden Motivationen einer Auseinandersetzung mit dem Thema Denkmalpflege. Die vorangegangen Kapitel möchten den Blick für den Zusammenhang dieser Teilgebiet schärfen. Die Diskussion um einfache baupraktische Fragen kann durch einen Blick in die Geschichte der Denkmalpflege, der auch ein Blick auf die Entwicklung der zentralen Begriffe und Anliegen diesbezüglich ist, helfen, Missverständnisse zu klären und zielführende Diskussionen überhaupt erst möglich zu machen. Die Historische Bauforschung hilft bei der Einordnung und Wertsetzung der Objekte, sie ist zudem die Grundlage für eine sinnvolle, eine ökonomische Planung und gewährleistet auch im Altbaubereich die größtmögliche Planungssicherheit. Die Erläuterungen zur nationalen und internationalen Organisation des Denkmalschutzes verdeutlichen die gesetzlichen Determinanten sowie die notwendigen erprobten Prozesse. Die Praxis der Denkmalpflege hängt einerseits fast immer mit der Forschung zusammen und die aufgezeigten Möglichkeiten einer direkten oder indirekten Förderung des denkmalpflegerischen Engagements unterstützen andererseits diesbezüglich aber auch ganz handfeste ökonomische Interessen. Die Teilbereiche sind also nicht separiert zu betrachten, sie gehören zusammen und alle Akteure sind gut beraten, sich mit dem Thema im Dienste der Denkmäler, der Ökonomie, der Liebhaberei, des bürgerlichen Engagements und der Forschung in der ganzen hier angedeuteten Breite zu befassen.

© Springer Fachmedien Wiesbaden 2015
C. Raabe, *Denkmalpflege*, essentials, DOI 10.1007/978-3-658-11529-6

Anhang

Charta von Venedig im Wortlaut

INTERNATIONALE CHARTA ÜBER DIE KONSERVIERUNG UND RES-
TAURIERUNG VON DENKMÄLERN UND ENSEMBLES (DENKMALBE-
REICHE)

Als lebendige Zeugnisse jahrhundertealter Traditionen der Völker vermitteln die Denkmäler in der Gegenwart eine geistige Botschaft der Vergangenheit. Die Menschheit, die sich der universellen Geltung menschlicher Werte mehr und mehr bewusst wird, sieht in den Denkmälern ein gemeinsames Erbe und fühlt sich kommenden Generationen gegenüber für ihre Bewahrung gemeinsam verantwortlich. Sie hat die Verpflichtung, ihnen die Denkmäler im ganzen Reichtum ihrer Authentizität weiterzugeben.

Es ist daher wesentlich, daß die Grundsätze, die für die Konservierung und Restaurierung der Denkmäler maßgebend sein sollen, gemeinsam erarbeitet und auf internationaler Ebene formuliert werden, wobei jedes Land für die Anwendung im Rahmen seiner Kultur und seiner Traditionen verantwortlich ist. Indem sie diesen Grundprinzipien eine erste Form gab, hat die Charta von Athen von 1931 zur Entwicklung einer breiten internationalen Bewegung beigetragen, die insbesondere in nationalen Dokumenten, in den Aktivitäten von ICOM und UNESCO und in der Gründung des „Internationalen Studienzentrums für die Erhaltung und Restaurierung der Kulturgüter" Gestalt angenommen hat. Wachsendes Bewußtsein und kritische Haltung haben sich immer komplexeren und differenzierteren Problemen zugewandt; so scheint es an der Zeit, die Prinzipien jener Charta zu überprüfen, um sie zu vertiefen und in einem neuen Dokument auf eine breitere Basis zu stellen.

Daher hat der vom 25. bis 31. Mai 1964 in Venedig versammelte II. Internationale Kongreß der Architekten und Techniker der Denkmalpflege den folgenden Text gebilligt:

© Springer Fachmedien Wiesbaden 2015
C. Raabe, *Denkmalpflege*, essentials, DOI 10.1007/978-3-658-11529-6

DEFINITIONEN

Artikel 1

Der Denkmalbegriff umfasst sowohl das einzelne Denkmal als auch das städtische oder ländliche Ensemble (Denkmalbereich), das von einer ihm eigentümlichen Kultur, einer bezeichnenden Entwicklung oder einem historischen Ereignis Zeugnis ablegt. Er bezieht sich nicht nur auf große künstlerische Schöpfungen, sondern auch auf bescheidene Werke, die im Lauf der Zeit eine kulturelle Bedeutung bekommen haben.

Artikel 2

Konservierung und Restaurierung der Denkmäler bilden eine Disziplin, welche sich aller Wissenschaften und aller Techniken bedient, die zur Erforschung und Erhaltung des kulturellen Erbes beitragen können.

ZIELSETZUNG

Artikel 3

Ziel der Konservierung und Restaurierung von Denkmälern ist ebenso die Erhaltung des Kunstwerks wie die Bewahrung des geschichtlichen Zeugnisses.

ERHALTUNG

Artikel 4

Die Erhaltung der Denkmäler erfordert zunächst ihre dauernde Pflege.

Artikel 5

Die Erhaltung der Denkmäler wird immer begünstigt durch eine der Gesellschaft nützliche Funktion. Ein solcher Gebrauch ist daher wünschenswert, darf aber Struktur und Gestalt der Denkmäler nicht verändern. Nur innerhalb dieser Grenzen können durch die Entwicklung gesellschaftlicher Ansprüche und durch Nutzungsänderungen bedingte Eingriffe geplant und bewilligt werden.

Artikel 6

Zur Erhaltung eines Denkmals gehört die Bewahrung eines seinem Maßstab entsprechenden Rahmens. Wenn die überlieferte Umgebung noch vorhanden ist, muß sie erhalten werden, und es verbietet sich jede neue Baumaßnahme, jede Zerstörung, jede Umgestaltung, die das Zusammenwirken von Bauvolumen und Farbigkeit verändern könnte.

Artikel 7

Das Denkmal ist untrennbar mit der Geschichte verbunden, von der es Zeugnis ablegt, sowie mit der Umgebung, zu der es gehört. Demzufolge kann eine Translozierung des ganzen Denkmals oder eines Teiles nur dann geduldet werden, wenn dies zu seinem Schutz unbedingt erforderlich ist oder bedeutende nationale oder internationale Interessen dies rechtfertigen.

Artikel 8

Werke der Bildhauerei, der Malerei oder der dekorativen Ausstattung, die integraler Bestandteil eines Denkmals sind, dürfen von ihm nicht getrennt werden; es sei denn, diese Maßnahme ist die einzige Möglichkeit, deren Erhaltung zu sichern.

RESTAURIERUNG

Artikel 9

Die Restaurierung ist eine Maßnahme, die Ausnahmecharakter behalten sollte. Ihr Ziel ist es, die ästhetischen und historischen Werte des Denkmals zu bewahren und zu erschließen. Sie gründet sich auf die Respektierung des überlieferten Bestandes und auf authentische Dokumente. Sie findet dort ihre Grenze, wo die Hypothese beginnt. Wenn es aus ästhetischen oder technischen Gründen notwendig ist, etwas wiederherzustellen, von dem man nicht weiß, wie es ausgesehen hat, wird sich das ergänzende Werk von der bestehenden Komposition abheben und den Stempel unserer Zeit tragen. Zu einer Restaurierung gehören vorbereitende und begleitende archäologische, kunst- und geschichtswissenschaftliche Untersuchungen.

Artikel 10

Wenn sich die traditionellen Techniken als unzureichend erweisen, können zur Sicherung eines Denkmals alle modernen Konservierungs- und Konstruktionstechniken herangezogen werden, deren Wirksamkeit wissenschaftlich nachgewiesen und durch praktische Erfahrung erprobt ist.

Artikel 11

Die Beiträge aller Epochen zu einem Denkmal müssen respektiert werden: Stileinheit ist kein Restaurierungsziel. Wenn ein Werk verschiedene sich überlagernde Zustände aufweist, ist eine Aufdeckung verdeckter Zustände nur dann gerechtfertigt, wenn das zu Entfernende von geringer Bedeutung ist,wenn der aufzudeckende Bestand von hervorragendem historischem, wissenschaftlichem oder ästhetischem Wert ist und wenn sein Erhaltungszustand die Maßnahme rechtfertigt. Das Urteil über den Wert der zur Diskussion stehenden Zustände und die Entscheidung darüber, was beseitigt werden kann,dürfen nicht allein von dem für das Projekt Verantwortlichen abhängen.

Artikel 12

Die Elemente, welche fehlende Teile ersetzen sollen, müssen sich dem Ganzen harmonisch einfügen und vom Originalbestand unterscheidbar sein,damit die Restaurierung den Wert des Denkmals als Kunst- und Geschichtsdokument nicht verfälscht.

Artikel 13

Hinzufügungen können nur geduldet werden, soweit sie alle interessanten Teile des Denkmals, seinen überlieferten Rahmen, die Ausgewogenheit seiner Komposition und sein Verhältnis zur Umgebung respektieren.

DENKMALBEREICHE

Artikel 14

Denkmalbereiche müssen Gegenstand besonderer Sorge sein, um ihre Integrität zu bewahren und zu sichern, dass sie saniert und in angemessener Weise präsentiert werden. Die Erhaltungs- und Restaurierungsarbeiten sind so durchzuführen, dass sie eine sinngemäße Anwendung der Grundsätze der vorstehenden Artikel darstellen.

AUSGRABUNGEN

Artikel 15

Ausgrabungen müssen dem wissenschaftlichen Standard entsprechen und gemäß der UNESCO-Empfehlung von 1956 durchgeführt werden, welche internationale Grundsätze für archäologische Ausgrabungen formuliert.

Erhaltung und Erschließung der Ausgrabungsstätten sowie die notwendigen Maßnahmen zum dauernden Schutz der Architekturelemente und Fundstücke sind zu gewährleisten. Außerdem muss alles getan werden, um das Verständnis für das ausgegrabene Denkmal zu erleichtern, ohne dessen Aussagewert zu verfälschen.

Jede Rekonstruktionsarbeit aber soll von vornherein ausgeschlossen sein; nur die Anastylose kann in Betracht gezogen werden, das heißt das Wiederzusammensetzen vorhandener, jedoch aus dem Zusammenhang gelöster Bestandteile. Neue Integrationselemente müssen immer erkennbar sein und sollen sich auf das Minimum beschränken, das zur Erhaltung des Bestandes und zur Wiederherstellung des Formzusammenhanges notwendig ist.

DOKUMENTATION UND PUBLIKATION

Artikel 16

Alle Arbeiten der Konservierung, Restaurierung und archäologische Ausgrabungen müssen immer von der Erstellung einer genauen Dokumentation in Form analytischer und kritischer Berichte, Zeichnungen und Photographien begleitet sein. Alle Arbeitsphasen sind hier zu verzeichnen: Freilegung, Bestandsicherung, Wiederherstellung und Integration sowie alle im Zuge der Arbeiten festgestellten technischen und formalen Elemente. Diese Dokumentation ist im Archiv einer öffentlichen Institution zu hinterlegen und der Wissenschaft zugänglich zu machen. Eine Veröffentlichung wird empfohlen.

Die Charta wurde 1964 in den UNESCO-Sprachen Englisch, Spanisch, Französisch und Russisch vorgelegt, wobei der französische Text die Urfassung darstellte. Eine Publikation der viersprachigen Originalfassung der Charta besorgte 1966 ICOMOS (International Council of Monuments and Sites). In deutscher Übersetzung erschien die Charta seit 1965.

Literatur

Cramer, Johannes, und Magnus Backes, Hrsg. 1987. *Bauforschung und Denkmalpflege: Umgang mit histor. Bausubstanz.* Stuttgart: Dt. Verl.-Anst.

Dehio, Georg. 1905. *Denkmalschutz und Denkmalpflege im 19. Jahrhundert., Universität Strassburg.* Strassburg: Heitz.

Döllgast, Hans, und Michael Gaenssler. 1987. *Hans Döllgast 1891–1974.* München: Callwey.

Donath, Dirk. 2008. *Bauaufnahme und Planung im Bestand: Grundlagen – Methoden – Darstellung – Beispiele.* 1. Aufl. Praxis. Wiesbaden: Vieweg, F.

Eckert, Hannes, Holger Reimers, und Joachim Kleinmanns. 2000. *Denkmalpflege und Bauforschung: Aufgaben, Ziele, Methoden.* Erhalten historisch bedeutsamer Bauwerke – Empfehlungen für die Praxis. Karlsruhe: Universität Karlsruhe, Sonderforschungsbereich 315.

Eckstein, Günter, und Michael Goer. 2003. *Empfehlungen für Baudokumentationen: Bauaufnahme – Bauuntersuchung.* 2., überarb. Aufl. Stuttgart: Theiss.

Germann, Georg. 1987. *Einführung in die Geschichte der Architekturtheorie.* 2. Aufl. Darmstadt: Wissenschaftliche Buchgesellschaft. (Die Kunstwissenschaft).

Goethe, Johann Wolfgang von, und Jörg-Ulrich Fechner. 1989. *Von deutscher Baukunst.* Darmstadt: Gesellschaft Hessischer Literaturfreunde. (Originalgetreu nach dem Erstdruck. Hessische Beiträge zur deutschen Literatur).

Hubel, Achim, und Sabine Bock. 2006. *Denkmalpflege: Geschichte, Themen, Aufgaben; eine Einführung.* Stuttgart: Reclam. (Reclams Universal-Bibliothek 18358).

Huse, Norbert, Hrsg. 1984. *Denkmalpflege: Deutsche Texte aus drei Jahrhunderten.* 2., durchges. Aufl. München: Beck.

Martin, Dieter J., und Michael Krautzberger, Hrsg. 2010. *Handbuch Denkmalschutz und Denkmalpflege – einschließlich Archäologie –: Recht, fachliche Grundsätze, Verfahren, Finanzierung.* 3., überarb. und wesentlich erw. Aufl. München: Beck.

Meier, Hans-Rudolf. 2005. „Die Tempel blieben dem Auge heilig, als die Götter längst zum Gelächter dienten …": Texte und Befunde zum Umgang mit dem baulichen Erbe in der Spätantike und im Frühmittelalter. In *Die „Denkmalpflege" vor der Denkmalpflege: Akten des Berner Kongresses 30. Juni – 3. Juli 1999,* Hrsg. Volker Hoffmann, Jürg Schweizer, und Wolfgang Wolters, 127–161. Bern: Lang. (Neue Berner Schriften zur Kunst 8).

© Springer Fachmedien Wiesbaden 2015

C. Raabe, *Denkmalpflege*, essentials, DOI 10.1007/978-3-658-11529-6

Raabe, Christian. 2015. Inhalte, Zielsetzung und Methoden der Bauforschung. In *Offensichtlich Verborgen. Aachen, 2015: Die Aachener Pfalz im Fokus der Forschung*, Hrsg. Monika Krücken. Aachen: Geymüller.

Schmidt, Leo. 2008. *Einführung in die Denkmalpflege*. Darmstadt: Wiss. Buchges.

Thomas, Horst, und Rainer Gräfe, Hrsg. 2004. *Denkmalpflege für Architekten und Ingenieure: Vom Grundwissen zur Gesamtleitung*. 2., überarb. Aufl. Köln: Müller.

VdL (Vereinigung der Landesdenkmalpfleger in der Bundesrepublik Deutschland). Arbeitsblätter und Positionspapiere. http://www.denkmalpflege-forum.de/Veroffentlichungen/Arbeitsblatter/arbeitsblatter.html. Zugegriffen: 15. Juni 2015.

Weferling, Ulrich, Hrsg. 2001. *Vom Handaufmass bis High Tech*. Mainz: von Zabern.

Westfälischer Tag für Denkmalpflege und Westfalen-Lippe, Hrsg. 2006. *Weiterbauen am Denkmal: Historische und aktuelle Beispiele von Erweiterungs- und Zusatzbauten an Baudenkmälern*. Unter Mitarbeit von J. Schäfer. Münster.